朝采夕佩·所思在庭

——张荣平景观设计手记

张荣平 著

中西书局

张荣平

景观设计师

爱设计，爱摄影，爱绘画，喜欢用文字和镜头记录生活。

从事景观行业 20 年，一直与设计相伴相随。常常以设计之名为大家带来有温度的城市空间。

2013 年，在上海浦江郊野公园打造了感动自己也温暖他人的作品。

这里的设计，自然原真，

这里的文字，简单温暖，

这里的照片，幸福动人。

这是浦江郊野公园的一份诗意说明书，也是关于自己内心的说明书。

新浪微博 / 小红书：麦麦的一年蓬

我的秘密地图

艺术森林区 ▶

序列 sequence

篮球场 basketball court　　　　　　　剧场 theater

城市森林 urban forest

传声筒 megaphone

儿童长廊 children's gallery
生命故事 life story　　　　　涂鸦石头 painting stone

引路者 guide

奇迹花园区 ▶

水森林 water forest

谷地 valley

花海 sea of flowers

长堤 embankment　　　　合地花园 terrace garden

船坞 dock

奇迹城堡 miracle castle

银杏林 ginkgo grove

会说话的树 the talking tree

柳莺田园区 ▶

动物之家 animal house　　露营 camp

观鸟屋 bird house　　童年游戏 game for children

林中乐场 forest playground

林中读者 reader in the forest

年轮 growth ring

水滴的声音 the sound of water droplets

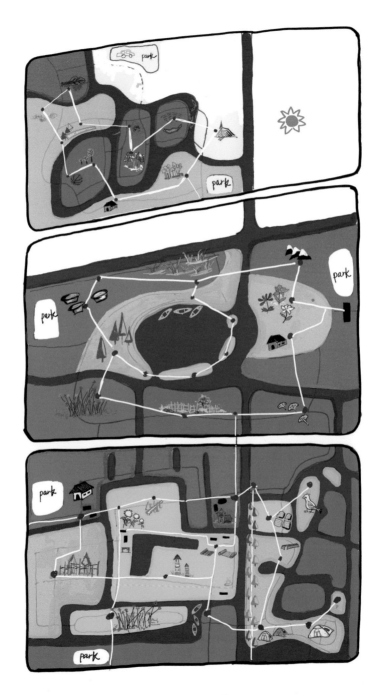

推荐序

　　记得作者投身浦江郊野公园的规划设计是从 2013 年开始的，到完全结束这项工作，前前后后已过去五六个年头。对于人的一生来说这已不算短暂，对于设计师的职业生涯而言则更显弥足珍贵。

　　和临近的苏杭相比，上海是一座缺乏自然山水的城市，而上海市民的生活中则更是鲜少有融入大自然的机会。但作为土生土长的上海人，我似乎感到本地人普遍对大自然并没有那么渴望。这或许就像洞喻中囚徒的困境，需要走出洞穴后才能体会与了解，而无法求诸先验。设计师何尝不是在做这样一项工作呢？将自己心中的美好带给旁人。

　　看到自己设计的作品建成，对于任何一位热爱设计的设计师而言，应该都是最为激动的事情，这或许就是一种理想实现的满足感吧。面对自己作品时一定是百感交集的，我想不光是设计和建造的过程能促使一名设计师成长，落成之后，园中的一草一木和游人的欢声笑语更会滋养着设计师以更大的热情奉献给这份事业。

开园至今又是好些年的时间过去了。园林景观往往在经历了时间的孕育之后才更显真实与深邃，恰似人的想法只有沉淀之后才能愈加明晰而有力。诚如作者自己所言，这本书与其说是写给读者的，倒不如说是写给设计师自己的，是设计师十多年来所思所想的凝练与升华。但不论是书还是设计，抑或其他的艺术形式，甚至是人、事、观念，我都始终认为是需要有共鸣方能体会其中真谛的。因此我更愿意说这本书是写给懂得这份心境的有缘之人的！

李轶伦

2023 年 11 月 4 日

自序

　　2017 年，浦江郊野公园开园后社会反响一直不错，甚至还有外省市的同行朋友们纷纷来上海了解公园设计的情况，于是 2018 年我萌生了写本书的想法。最初只是想分享浦江郊野公园的景观设计，一次次的思考，一次次的落笔，甚至经常面对发光的电脑屏幕和空白的页面许久许久。每个周末挤出时间，自己躲在书房里，挖掘自己的感觉，推销自己的情绪，兜售自己的梦想。直到 2019 年秋天，我把当初的构思框架给否定了，加之工作的繁忙，以至于停了小半年。2020 年的夏日，看着女儿在写文案，引发了我的感慨，我对于当初写书的想法发生了变化，我应该十分确定我想写一本给自己的书，想记录自己的设计感受。

　　本书写作是一场奇妙的自我心灵旅程。既然我想描写自己的想法，那么，更清晰、更强烈的自我感受当然有助于创作更坚实的内容。我再一次踏上这片土地，思绪慢慢地回到 2013 年的秋天，初次来到这片郊野空间时，农作物的香气沁人心扉，野花野草在与蝴蝶嬉闹，大块大块的绿时不时印染着我的眼睛，万物静美，就连风也为此动了情。闭上眼睛，记忆的拼图清晰且立体……

就像我强调的，设计不是关于现实而是关于感觉，与所有艺术相通，设计师也充满激情地体验着灵魂深处的真情实感。有时我会把自己装入其他人的头脑和身体里，并像他们一样思考和行动，有时我也会把自己想象成大自然的一草一木，以欣欣向荣的姿态感恩这世界如此美好及其治愈万物之心。无论我变换成什么角色，大部分时间我还是我自己。

张荣平

2023 年 10 月

目录

假如梦想可以实现

当被父母问到为什么要选择设计创作的路，
我回答说，因为有趣。
当被同事问到是什么让我对设计永远精力充沛，
我回答说，设计充满挑战。
当被孩子问到是什么让我一直兴高采烈地走下去，
我回答说，就是梦想。

我一路走走停停，却又专一，
喜欢设计，因为她有温度，大人小孩都能感知。
不经意又很自然地为人们带来有温暖的空间。

假如梦想可以实现，
那郊野公园定是我梦想开始的地方……

四年光阴

四年光阴，

1460 天，35040 小时，2102400 分钟，126144000 秒，

有憧憬，有徘徊，有挫折，有喜悦，有不舍……

我一直觉得设计就如同养育孩子一般，

当你还在母亲的身体里游荡时，一天天地被给予营养与呵护，

脑中只有对你出生后美好的憧憬。

当你呱呱落地后，没日没夜的啼哭，初为人母，多少夜里无声地跟自己较劲，那些日子，只有经历过的人方能满怀感慨。

当你学会走路，开始上学，面对社会，时间的洗礼让你越来越自信，那时的你愈加璀璨耀眼。

日子就像朱自清讲述的那般匆匆，过去的日子如轻烟，被微风吹散了，如薄雾，被初阳蒸融了，我留着些什么痕迹呢？

虽已过去十年，

那远去的记忆却是自己的，我一直以为自己有一种不忘的本能，

但我还是错了，人不能老跟自己的年龄较劲，

最终我还是相信文字，钟情摄影，

也许，这样可以不再遗忘！

四年光阴 · 春

这是一片被设计师唤醒的森林，使我有这样一种感觉：那些在大自然中寄宿的人发现早起是很正常的事情。正是我们的贪睡恋床，使得我们与大地和空气隔离得越来越远了，并阻止我们效仿鸟与兽早起的习性。

森林是属于大自然的，能在其中漫步真可谓是一种奢侈的享受，她枝繁叶茂，充满了神圣感，但又醇美无比。没有燃烧的火，也没有伐木工的砍伐。每根树干，每条树枝，每片树叶都完好无缺地待在原位，你总以为她是静止的，其实她一直在运动……

当我在这个林木茂密的空间里驻足时，被眼前的景色震撼了。之所以这么惊讶，是因为尽管我之前来过此处很多次，却从未如此细致地注意过她。也许我未在春的时节、在一天中恰好被太阳逆光照射的特殊时刻来到这里。无论什么原因，这些都已不再重要，因为这方小小的天堂现在牢牢地印在我的眼里。

　　在廊下静静地坐着，不经意一抬头，收获了一半木色、一半翠绿，两抹色彩交汇在一起是这般的平分秋色。

四年光阴 • 夏

夏日去郊野公园的次数并不算多，这个画面令我满意的地方是尝试了较低的相机视角，实现了更紧凑的构图。将对焦锁在了两排树之间的区域，让树干、落叶以及背景树木都融合在了一起，成功避开了上方的天空。在逆光的照射下，斑驳的树影渐渐变化着具有层次感和立体感的光影，让气氛格外的柔和且冷静，丝毫感觉不到炎热夏日的酷暑。树荫下的温度会比阳光下低三五度。耳边知了声声不断，微风徐徐，人不多，我可以在这里发呆半天，这与在城市公园游玩是完全不一样的感觉。

　　在城市生活时间长了，这种纯粹的林下空间的生活都变成了一种奢侈，小时候我们在树荫下活动是最寻常不过的事了。令我好奇的是，如今都市里绿量增加了，品质提升了，但吸引人的树荫空间倒是少之又少，时间一长，我更怀念这片可进入的林苑，而不是仅仅作为景观要素的观赏林。

四年光阴 · 秋

喜爱秋天是不需要任何理由的。秋天是金色的季节，更确切地说，红色、橙色、黄色、赤褐色、琥珀色……简直有着数不清的颜色。

九月，上海还是有点热，丝毫感受不到秋日的凉爽，满眼的绿色植物依然展现着蓬勃的活力。

十月，秋天一点点走近了，树叶开始呈现了微妙的变化，虽然那时候轻松明快的色调还不会大片大片地扑面而来，但也别有风味，也是那么吸引人。

十一月，是个变幻莫测的季节。月初，金色的树林依然显得生机盎然。随着冬日的临近，落叶飘散满地，所以在寻找画面的时候，不光要抬头看，还要低头瞧。

这是公园里一处通向停车场区域的画面，是被一片向日葵包围的停车场，它让我们停车步行进入公园的这一段路，充满了仪式感，目光所及之处，都是比人高的向日葵满心欢喜地在微笑……

　　2013年的晚秋，我第一次来到郊野公园现场。也许是进入方向的缘故，我穿过了厚厚的一片常绿香樟林区，渐渐地在远处有了亮色，越往里走，越来越亮，地上已经铺满了一层层黄色的银杏叶片，树枝上仍还挂着少许的叶子。快速地跨越香樟林，冲进了那片亮黄亮黄的银杏林，但马上又后悔了，我迅速后退，让自己选定了准确的焦点，拿起相机拍下了这张照片，原来我更迷恋一暗一亮的边界感。

　　在薄雾笼罩的秋季上午，阳光透过叶片的缝隙照进森林时，眼前的景象绝对美不胜收。原以为这富有魔力的一刻是极为短暂的，一旦温度升高，雾霭将会散去，这种飘渺的景象也就随之消失了，但奇怪的是，这种景致在这天的上午持续了很长时间。后来得知，这是我第一次与上海雾霾天气不期而遇。

四年光阴 · 冬

　　相比炎热的夏日，我更偏爱寒冷的冬日。冬日的天空给开阔的景色又增添了新的层次。中部深绿色的森林被白雪覆盖后变成了灰色，上层强劲有力的云朵遮住了蓝蓝的底色，为地面的白色锦上添花。大片大片的天空和雪地把中部森林挤压得越来越窄，只有那一弯清澈的河水让那片林有依有靠。

　　在上海，这样雪后的景致是难得一见的。在暴风雪中醒来，纷飞雪片从天而降——啊，今冬的初雪！下了一整晚，第二天早上就停了，明媚阳光露了脸，看来冬天是正儿八经登场了。清晨，走进那还未被脚步踏过的地方，前景的木地板上覆盖了一层厚厚的雪，唯一能看出色彩的是沿河一排木色的栏杆，栏杆头顶着白帽子，孤零零的救生圈倒是格外的显眼。

偶然的记忆

偶然在林中散步，走着走着，一缕阳光从树丛中照射下来，照在我的身上，斑斑驳驳的树影在我身上跳舞。这时我会想，是不是在地球的某个地方，也有人与我一样此时此刻正被阳光温暖着。

偶然站在海滩远眺大海，然后再抬头仰望蓝天，会不会有个错觉，感觉看到的天空也如同大海一般——此时我已经分不出哪个是大海，哪个是蓝天了！惊讶的是，我还站在海滩上。

偶然走在开满樱花的河岸，一缕缕风吹来，一阵阵花瓣雨飘落，直到树枝上的花瓣越来越少，水面被粉红的花瓣厚厚地覆盖着，此时我已无法分辨哪儿是水面，哪儿是草坪了。

偶然从路边不知名的花朵上摘取的小果实，在手里翻来翻去，一不小心啪的一声，外壳爆裂了，黑褐色的种子从里面弹出来，随手往自家花园一撒，没三个月，开出一簇簇粉色小花，花瓣染在指甲上漂亮极了，那是童年偶然获取美的方式。长大后，才知道那个道不出名的花儿原来是凤仙花。

日影

2017 年开园的第一个冬天，就遇到了第一场雪，也是上海多年来久久才会露面的雪。

冬日的池杉叶片纷纷掉落，树干与枝丫在等待南方的寒冬，阳光毫无阻碍地照耀在雪地上……

或许是早晨的缘故，亦或许是在郊野公园，积满白雪的林中栈道上并没有多少到访者，只能看到一个人的脚印。雪地中深深的脚印，由大渐小，消失在远处，树干上挂着的一排排雪痕，随着树皮的肌理形成一层厚一层浅的纹理，加上冬日温暖阳光的日影，冷白又温暖。

太喜欢这种冲突的画面了。

2017 年下过这场大雪后，上海此后数年里未再迎来第二场雪，虽是偶然，但也是我的福分！

淡季之冬季

　　仲夏和寒冬应该算是郊野公园最淡的时节吧。往往这两季，公园满满的是寂静。

　　这是开园迎来的第一场冬雪。今年的冬日十分寒冷，白雪覆盖在池杉的树枝上、方亭上、木栈道上，目光所及，都是银装素裹，这是南方少见的雪景。初雪已到，游客未至，好友第一时间捕捉到了这个仍在沉睡中的场景。

　　在设计之初，并未料想到公园落雪后的容貌是如此动人，我很庆幸当时非常明智地选用了"加拿大西部红柏木"，那种淡淡而不张扬的暖色，衬着这皑皑白雪，给人温暖之感，化去了几分冬日的凄凉。

十年树木之光影

场地精神之于公园，犹如故事对于电影，旋律对于音乐一样重要。

我必须承认，我对树林特别偏爱。任何一片林地，从自然的纯林到色彩绚烂的混交林，都让我无法抗拒。这片林区是2000年种植的生态公益林，经过了十余年，已经从一株株小苗长成了挺拔的大树。或许是人为的干扰较少，这片林区吸引了很多小动物和鸟儿，原为林地管养所用的水泥路，2米宽，500米长，就这样一直指引着两排挺拔的香樟树延伸至远方。

这样笔直且悠长的林荫道，在生态公益林区域也并不多见。这里改造为公园后，对于设计师而言，任何添加元素的设计，都是徒劳无功的。顺理成章的行为，是要好好地把她们保留下来，让她们不受到破坏。

在这里，灰色的水泥路面被我们换成了红色的透水路面。香樟树整整齐齐地排成两列，间隔适中，树型漂亮，红色小径与阵列香樟林相互成就。小径加强了空间的延伸感，绿色的树冠衬托着红色的路面，炙热的阳光从树丛中洒下，变成了温和的光阴印在红色的地面上，完美融合，相映成趣。

在这里，我喜欢一年中不同季节的光线，喜欢它的宁静、色彩和倒影，温柔又不张扬。在这条林荫道上散步，我能走很长很长时间……

十年树木之重逢

今天的白云不再成片如大军压境，更似一簇簇温柔的棉花团，柔和而轻盈，甚至感觉到一丝甜甜的味道。因为温暖善良，所以不曾想独自占有蓝天的美。有了白云的成全，天空的蓝才能与地面的红重逢；地面的红也不贪婪，被白雪覆盖的红也变得如此低调；他们彼此相衬着不失平衡，不争不抢，不急不慢，带来了令人愉悦的视觉盛宴……

世间所有美好的相遇都是久别重逢，相遇是千载一瞬，就像眼前温柔的天空和低调的地面一般。倘若白云不那么柔和，倘若蓝天不那么浅，倘若地面没有那一片白雪，只要有那么一个"倘若"没有到位的话，他们的重逢都会变得不偶然。

拍下此画面的人是幸福的，我能理解在按下快门那一瞬间他的心境，他在等待更多的有缘人。与拍摄者比起来，这一排排香樟树岂不是更幸福呢？树冠连着天，树干接着地。闭上眼睛，脑海中浮现着一排排香樟树在淡淡的蓝和靓靓的红之间微笑。

画面是可以叙事的

说到画面的叙事性，我自然就想到了阮义忠。他的摄影作品中读得到乡愁、风土人情、社会的众生相，这些画面有着强大的叙事力量。

画面是可以叙事的，我此刻已成为一个非剧中人的旁白叙述者，将清晰地传达画面背后的故事。公园设计之初，一直想着把现场最美的风景保留下来，哪怕是一棵倾斜的水杉以及它所生长的湿地。这株细弱的光秃秃的树恰好地生长在这，树的存在使得画面更具冲击力，因为它为画面提供了深度感和比例感。保留下来的湿地不仅是现场自然要素，更是场所的镜子，巧妙地诉说着一个浑然天成和场地所特有的故事。

湿地中倾斜的水杉，他们在讲述一个主题——一粒种子的旅行，一个值得花费时间和精力去感受并加以思考的自然故事。

　　在很多不可思议的地方发现植物的影子，植物没有脚，也没有交通工具，它们究竟是怎样到达这些地方的呢？

　　有些植物根本不需要汽车和飞机。它们想出了一个特别有趣的旅行方法：等到种子成熟后，把种子抛到空中。力气没有这么大的植物则需要一位强壮的朋友：风。风能帮助许多种子旅行。

　　　　　　　　　——德国作家　安妮·默勒《一粒种子的旅行》

竹帘东西风

工作与生活本身就是充满了巧合与联系——安装在家中阳台的竹帘，竟然可以在郊野公园中重现。

我家住在顶楼，想着自家阳台不需要严密的遮挡，应该要有自然的气息，于是抛弃了布艺窗帘和百叶窗帘，选择了最为朴素自然的竹帘。这样，在阳台上喝茶、看书真正变得惬意起来。

在公共绿地中，我们看到太多形式多样的亭子，但都很范式。如果说郊野公园是一种更亲近自然的公园类型，那么在这里，就应该要自由、就应该要随意、就应该要舒适，在亭子里休息，应该犹如在自家庭院一般。

这么想来，我摒弃了钢结构和混凝土材料，取而代之的是木柱和竹竿顶棚，四周挂着三三组合的竹卷帘，卷帘可以根据游客的需求，时而卷起，时而落下……微风吹来，竹帘随风摆动，那时候我的心也会随着竹帘的摇曳而放松，此时阳光和景色依然可以从竹帘的缝隙中穿过。

在这里我可以坐上半天，甚至更久，静静地发呆……

熊猫咪咪

在记忆深处一直有首歌，那首歌谣是妈妈唱给很小很小的我。

小时候，我是妈妈的小跟班，白天跟着妈妈上班，一进工厂就被放到厂里的托儿所，下班后妈妈接上我就赶紧回家做饭。

晚上睡觉时，妈妈总是会用大手轻轻地拍着我的胸口，哼着小曲哄我睡觉，哼着哼着我们就都睡着啦。记忆中，妈妈会的歌谣不多，总是重复着那几首……但是让我记忆深刻的永远是《熊猫咪咪》，以至于，在女儿很小的时候，我也会随口吟唱这首歌伴她入睡。

此时，我见到竹帘悠然飘动的场景，又联想到这首儿时的歌谣，脑海中又浮现出儿时的生活……

—— 《熊猫咪咪》 ——

竹子开花罗喂，咪咪躺在妈妈的怀里数星星，

星星呀星星多美丽，明天的早餐在哪里？

咪咪呀咪咪请你相信，我们没有忘记你，

高高的月儿天上挂，明天的早餐在我心底。

请让我来帮助你，就像帮助我自己，

请让我来关心你，就像关心我自己，这世界，会变得更美丽。

序列

此时，我的视线被强烈的序列感拉动着。

的确，大自然里没有任何物体是真正处于静止状态的，就像这一根根大小一致的木构架一样，虽是静态排列着，却依然给人动态的无限延伸之感。

随着周边树木的生长，阳光的照射，四季的变幻，序列会有新的层次呈现……

我不太喜欢构架顶部被完全覆盖的样子，似乎少了与大自然接触的机会，不直接，不通透，总感觉像人一直戴着帽子在人群中穿行一般。地面上的野花灌丛在拼命向内侧靠近，从木构架内部拔地而起的小幼苗，自然生长，不经意间打破了序列，但又与木构架相处得那么和谐。

也许我是自私的，并自我陶醉的，我希望能把脑海中最直白的空间表达给游客，寻找有共鸣的人。序列给我的感觉是有规律的，但与大自然的变化相比，却无法准确选择哪个更好。

撞色

　　如果色彩是照片的主题，那么它应该是明显的色块，而不是像一个万花筒，虽然展现了大量的色彩，却让欣赏者不知所云。大胆且对比强烈的色块，会给人以强烈的视觉冲击力，让画面动感十足。

　　走着走着，眼前的这个彩色画面有些生动。正是红、绿这两种对比强烈的颜色组合，以及素净的背景，才能将这个主题准确地传达给我。我曾多次经过这个区域，但从未驻足过，因为那时地面是灰色的，无法引起我的兴趣。在最后一次与业主商定后，将地面色调整为红色，色彩的大胆搭配，让我恍然意识到设计与绘画，其实比人们想象中的关系还要更密切。

　　这让我联想到画家莫奈。尽管莫奈是以那些描绘树木摇曳的阳光草原的油画作品而闻名，然而，在那些以田野为素材的色彩最为丰富的作品中，莫奈将红色与绿色相结合，来加强画面的视觉冲击效果，《吉维尼》就是其中红与绿相撞色的作品。与莫奈绘画不同，我们将前景的红色野花甸变成了红色地面，一条红色小径穿过大片淡绿色雏菊。后面一片色彩深邃的香樟林标志着地平线的位置，从而使得头顶上的天空显得更为辽阔。

迷了路，
才是正确的游郊野路线

    这里有一个神秘的郊野路线，入口不宽，约6米，视线所及15米远，右侧郁郁葱葱的乔木直接压着地面，而左侧，一个个低矮的绿绒球排列在乔木前方，中间一道一尺多宽的砂石小径，隐约在草丛里呈现，衬着这般绿意，既自然又神秘。

    忽然60度的转角，小径消失了。游览者的视线被吸引到森林深处，但又被这些树冠挡着，永远猜不出这片密林背后的景致。这也许就是郊野公园带给市民的神秘感吧！

    我第一次看到这个场景甚是欢喜，心想，这应该就是郊野公园应该有的打开方式吧，若能将其保留下来，定会给市民带来小小的惊喜。

    如果你就此迷了路，那么恭喜你，找到了正确的游郊野路线。

艺术那点事儿

2015 年一次偶然的机会，在书店翻到一本由日本知名策展人北川富朗创作的《乡土再造之力》，封面上那张森林里悬挂木屋的照片引起我的兴趣，翻看了几页后，里面的内容的确没有让我失望。

　　"大地艺术节"的十种创想，在一个名叫越后妻有的乡村实现，艺术节的特征就是彻底地、不追求效率地把作品散布在各个村庄，人们把作品当作路标，巡游整个地区。艺术作品让四季各异的自然之美表现得更加丰富多彩，也让层层累积的时间浮现眼前。这些作品让来访的人们打开五官，让令人怀念的远古记忆在自己的基因中苏醒过来。艺术有强大的力量，让更多的人来到乡村，也激活日本乡村的活力，摆脱了日益衰败的困境。

　　将此书合起时，内心开始有些小冲动了，一直在思考，是不是郊野公园也可以有这样小小的尝试，是不是也可以邀请艺术者来现场进行艺术创作呢？想着想着，觉得这件事能成，于是行动派的我开始策划起来。

涂鸦的斗争

人们忙于快跑的时候，不经意就落下了自己的灵魂。

是的，我喜欢石头，源于它的那种静，不急于求成，不追求到达。在水边，在草丛里，在建筑旁，在任何一个不起眼的地方，或三两成对，或独自静默，或大片蔓延，或堆积成山，但他们始终安静地躺着，安静地消磨时光。

石头似乎本身就属于艺术品。记得小时候在第一颗石头上涂色，给了我不可预知的表达。我喜欢给每一颗石头讲一个美好的故事，让原本纯朴的石头，有了画面感，有了一些色彩的词汇，有了一幅不可替代的画，有了一个可以叙说的故事……

开园之前，我们邀请了十六位热爱画画的小朋友走进浦江郊野公园，让他们在石头上进行创作。孩子们将眼里看到的、心里想象的大自然描绘在石头上。他们用自己的笔和眼，借助与其年龄相符的画技，将梦想画进现实。这些作品如当初创作时摆放的位置永久地保留在公园中，有的在林下，有的在草丛，有的在溪岸，就如同从土地里生长出来一般，一直静静地待着，等着有心人、有缘人去发现。

石头涂鸦这项公益活动，最初并没有想象的那么顺利，但好在我们团队坚持下来了，从专业和运营角度出发，给予业主真挚的建议，以下是与业主沟通的一段记录。

我想与您讲讲涂鸦彩绘石背后的故事。

我们组织周边社区孩子们参与到公园的建设中，只是希望公园与老百姓贴得更近。孩子们在画完后，很高兴地署上了自己的名字和年龄。这十六位"小画家"里年龄最小的宝宝才六岁，画完后跟我说："阿姨，等公园开园时，我会带朋友和同学过来看的，以后每年都会过来看的。"其实我想说，通过这样的活动，孩子们已经与浦江郊野公园建立了感情。

也许孩子的技法不那么娴熟，但是我觉得这是社会意义大于画技本身的一种态度，公园的吸引力就是靠这些活动维系着，这样的公园才能更有持续生命力。我们可以接受孩子的作品不那么成熟，不那么完美，因为他们是孩子，我们更希望孩子的彩绘石能永远地保留在公园中。

最终，业主看到了我们的真诚和努力，也让孩子们能为郊野公园的建设出了自己的一份微薄之力。之后的每一年，石头涂鸦成为公园的常态公益活动，吸引了周边社区的不少小朋友参与进来。

树是有生命的。它们的根一直延伸到土壤深处，汲取营养，不断地提供上部生长所需的能量。其实，植物界没有统一的时间观，有些植物在一年里生长、开花、播种，然后死亡，而有些植物可以存活数年。植物都有着属于自己的生命周期。

　　在大自然的竞争中，有些植物充当着先锋树种的角色，先期改善土壤环境，营造小气候，待十年二十年过去了，顶层植物群落生长到一定的时间后，孕育了足够的能力，汲取了更多的光、水、土壤，在植物竞争中占有绝对优势时，先锋树种将完成它的使命，并逐步退出历史舞台。

　　难道先锋树种就这样消失在人们的视线里吗？

　　它们的生命应该是有延续的。我们将重新演绎它们的生命，让人们知道它们曾经存在的价值。它们更像无私奉献的勇士，现在只是以一种独特的方式"展示自己"，它们是我们心中的"永生树"。

生命的故事

真的假的

　　两岸翠绿的芦苇映入眼帘，不时传来清脆的鸟鸣……"好美的鸟！"我情不自禁地喊了出来。

　　在距离船只大约100米处的岸边，有一群白色的大鸟。它们或在悠闲地散步，时不时翩翩起舞，或在河面低飞戏水，形成"鸟从绿出，水天一色"的迷人景象。这就是杜甫笔下的白鹭，它们就是湿地里的白色精灵，而这里就是它们的家。

　　我们利用场地内梳伐的杉木，将其锯成4米、5米、6米三种规格的木桩，这些木桩看似随意，摆放方式却蕴藏了一定的技巧——木桩高低错落，一组木桩之间围合了一艘木质的旧渔船，确保渔船能停靠在合适的位置。三五成群的白鹭雕塑停留在树桩顶，寓意着给鸟类一处不受人类干扰的栖息空间。

　　神奇的是，常常有白鹭成群结队地飞来，在此停留嬉戏。这时，你能辨别出哪只白鹭是真的，哪只是假的吗？！

骑着单车逛郊野

上海郊野公园的规模小则五平方公里，动辄十几平方公里，最佳的游览方式应是骑单车。公园里间隔一段距离就设置了一处自行车驿站。

大大小小的车轮掩映在草丛中，序列感极强地排列着，既是雕塑，也是指示标志。这是一个车轮大家庭，有车轮爷爷、车轮奶奶、车轮爸爸、车轮妈妈，还有车轮小宝宝。快乐的车轮一家人，在郊野公园中排排站。有了他们的存在，游客们不会随意地乱停自行车，驿站总能如愿以偿地迎来家族小伙伴。有时候我甚至在思考一个问题，如果我们身边有这么可爱又有爱的指示牌存在，市民还会将自行车乱停乱放吗？我们设计者也应该思考，一些具有吸引力和粘合力的设计，其实是可以改变市民的行为模式的。

为了管理方便，我们总是要求市民只允许使用公园内部提供的自行车，管理者是否可以从市民角度出发，以弹性化、人性化的管理带给市民便利呢？此时，在我的脑海里，浮现出一幅画面——一家五口，五六岁的宝宝将自己的儿童自行车停在小车轮旁边，爸爸和爷爷的黑色自行车停靠在个头最大的车轮旁，妈妈和奶奶的粉色自行车依偎在黑色自行车旁，多么和谐幸福的生活场景啊！

排排坐，看大戏

还记得曾经的露天电影吗？晴朗的夜晚，街坊邻里聚集在一起，夜色就是天然的暗房，幕布一挂，电影开场……

如今，露天电影已然成为让人怀旧的户外生活方式。已经不记得有多久没有感受到这种户外派对了，虽然不记得了，但仍然怀念过去。

公园作为大众共享的室外空间，除了提供满眼的绿色，还应是能承载人间烟火味的场所。这是一处被绿色森林环绕的岛屿，岛屿的中央有一个可以容纳五百人的室外剧场。排排坐，一根根直径二十公分的圆木变成坐凳，通长的尺度带给人们相互交流的亲近感。那一抹中国红，在整个环境中格外出挑，奠定了场地的主基调。一层一层的退台空间，组成了高地台阶式的观演看台。

公园开园时，就上演了一段《齐天大圣》的露天电影，吸引了不少周边社区的小朋友和大朋友们。

—— 《排排坐吃果果》——

排排坐呀吃果果，你一个呀我一个，

妹妹睡着了，

给她留一个，给她留一个呀。

排排坐呀吃果果，你一个呀我一个，

妹妹睡着了，

给她留一个，给她留一个呀。

骑着变色的大马

梦里看到一匹骏马向着我的方向走过来，马儿不高，约有两米，形态自若，头微微向左前方倾斜，紧紧挨着树丛中的一簇高草，像是正要启口觅食。

这是一匹身形矫健，身上有着红色、绿色、粉色花朵图案的骏马，置身于一片花丛中，像是被这环境染成了这般色彩绚丽的图案。这也是一匹可以变幻色彩的骏马，给你带来无限惊喜，说不定春去秋来，马儿将会披着一身金色的霞光和秋叶，从你的眼前掠过，给你带来秋的消息……

对对双双的身影向着阳

　　树木都是向阳而生的。十多年前种植的树木，从小苗开始一天天的成长，没五年，生长空间就不够了。这片香樟林一直拼命地向阳而生，于是，我们印象中的圆冠型香樟树就变成了现在画面上瘦瘦长长的身影。

　　第一次进入这片香樟林的时候，高高密密的树冠盖住了上方的阳光，林中地面偶尔会出现斑驳光影，林下空间幽暗且阴冷，比林外气温低三五度。见不到阳光的树林，面积不小，树木又密密地排列着，容易让人迷失方向。从密林出来后，我脑海里就萌发出如何把这片香樟林转变成林苑，让人走进去，换个视角去感受纤细身姿的香樟林。

　　先将这片林子从密到疏，再用艺术来激活这片香樟林应该是解决这一问题的好办法。还可以从单色到多色，采用大小不一的玫红色体块来衬托单色绿。阳光从顶部叶片的缝隙间洒下斑驳的光影，游人或三两成群席地而坐，感受久违的亲情友谊；或仰卧其上静观天空，体会云卷云舒的意境；或倚靠树干，静心聆听身边的鸟声、虫声及微风划过树梢的摩挲声，感受自然之变幻。

读书，在哪儿都可以

　　曾几何时，只要有本书在手边，无论身处什么样的嘈杂环境，都能自动生成结界，心中独自安静。

　　渐渐地，看书变成了一件很奢侈的事儿。在出差的路上，在上班的地铁上，在睡前，挤出那么点时间。往往时间有限，有时还得安排一下，今天看什么书，下个月看什么书。生活变得如此较真，却也多少失去了小时候看书时那般轻松、单纯、自然的感觉。

　　静下心来，我发现自己错了。看书虽说看的是文字，读的是时间，实则治愈的是心境。读书最高境界就是一种简单的动作，一种单纯的生活。

　　读书，在哪儿都可以。郊野公园里利用现场废弃树干加工成型似"竹简"的景观小品，意在以满含古风韵味的竹简指代书籍，形成一片独特的景观。游人在林中漫步时，不经意间就有诗词映入眼帘。

年轮

　　没有固定的主题，也没有空间上的限制，不同于美术馆或画廊之类的艺术场馆，艺术者要根据现场已有的田、水、林、村等自然要素进行融合创作。

　　《年轮》是邀请青年艺术者在现场进行创作的作品。在不破坏林地的前提下，在林窗区域设置艺术装置，我们不刻意硬化空间和节点，而是让市民自己去林中探寻艺术的足迹，不经意间感受艺术与自然的融合之美。

　　年轮代表树的年龄，利用不锈钢钢片镂空架起来做成凉亭装置，凝固住树的时间；并用杨树树干做成高低错落的聚拢装置和座椅，营造适合人们玩耍攀爬的空间。人们也可以在此休憩，甚至可以盘绕废旧树干种植新的植物。将废旧树干的重生利用，融入时间与年轮的创作理念，打造出具有一定功能性的现代景观装置雕塑。新与旧，过去与现在，在此相遇。

　　年轮隐藏在林中，稍不留神你就会与之擦身而过，所以说，郊野公园是值得多次到访的地方，每次都会收获不同的惊喜。

我 们 之 间

如今，岁月像小河流淌，像蜻蜓飞过，更像花朵开了又谢，谢了又开……

我们的故事过去已发生，现在进行着，未来将继续……

我们之间，曲响人见，人不见亦曲将终……

我和自然的故事，

我和土地的故事，

我和自己的故事，

我和朋友的故事，

甚至我和陌生人的故事……

只要生命岁月长久，我们之间的故事就不会落幕！

我和你，在一起

　　女儿总跟我说，生活需要仪式感。不论是出去游玩，还是无意间吃到惊喜的食物，抑或被早晨洒进房间的阳光感动到，她都会记录下来并配上那时那景的文案。我嘴上不说，但心里清楚，在她身上我学会了很多很多，其实她比我看得通透，活得自由。

　　人与人在一起，需要的是简单的快乐。我们不需要华丽的服饰、精致的器具，我们只需走进自然，围坐一起，谈天谈地，谈你谈我。

　　选个平坦的草地，以树木为邻，支上一顶帐篷，铺好野炊垫，再用几个气球和字幅装点一下，自然而惬意的度假氛围渲染到了极点，逛公园的人也会不时投来羡慕的眼光。

　　其实大家都可以这样选择生活，因为生活是我们自己过出来的。

与时间为友

两年前，我和好友的六岁儿子一起吃饭。席间，小朋友一直跟我聊天，我惊叹于六岁孩子的语言天赋和逻辑能力。他讲了一句话，直到今日仍记在我脑海中："美的东西，我会在脑子里某个地方给她留有一个空间。"

一个六岁小朋友已建立了对美的追求，那到底美是什么？

我思考了许久，我认为美没有固定的答案，

这个人是美的，

这个物是美的，

……

追着余晖，与时间为友，是美的。

在这里，大自然的景是有颜色的，人为的景变成了剪影。观察日落是非常引人入胜的一件事，在最辉煌最动人的时刻，我们很容易被大自然的美所感动。

心生一计

　　迎着傍晚的余晖，约上好友打一场球，无须等人凑满再出发，因为每次总能在场地上临时且快速地组建起一支篮球队。公园内最具动感的场地应该非此地莫属了。

　　本没有想过在郊野公园中设置篮球场，也是为了应对场地的临时变化才萌发了此想法。记得在施工开挖中，发现地下土壤里混杂着蛮多的建筑垃圾，限于环保规定，外运有一定困难，只能就地解决。起初想着深挖回填土，但考虑到即使回填1.5米厚的种植土，能解决幼龄植物的生长，但对于植物未来的生长还是很不利。

　　坐在场地上，看着夕阳落下，渐渐进入自言自语的状态，林地、场地、城市公园、郊野公园……难道他们只能属于原本的场景记忆吗？假如我愿意尝试，样样都有存在的价值，样样都是生活中不可或缺的。

　　何不将片林种植改为运动场地？这样一兼两顾。

　　最美的夕阳，最美的场地，献给最美的运动者！

　　有时候就是这样，未在脑海中预设的选择总会带来无限的回馈和温暖，我喜欢把它归为缘分。

时间，还差一点点

　　与艺家艺棵园艺公司的接触，是公园建设的一个小插曲。

　　公园在建设中后期，需要引入符合公园特性的社会团队参与进来。作为设计总控方，自然会协助业主对预引进的社会团队进行对接，在与众多的团队接触中，给我印象最深刻的要数这家园艺公司了。这家公司规模不大，但对产品有独特的认识和态度，产品的创意和定位都很贴合未来的市场需求。合作的出发点是郊野公园作为他们的线下实体店，面向社会上的家庭，让园艺走入寻常百姓家。

　　最终虽未如愿合作，但过程是愉快和美好的，只能说："时间，还差一点点。"但是从那以后，我和这个团队的主理人成为了很好的朋友。

　　小时候入睡前，能听到最后一班列车驶离头城的声音，那会儿总梦想着哪天要坐着火车离开这个乏味的小镇。现在年纪大了，以前逃避的，现在仿佛变成了你需要的，所以我相信任何人都一样，任何人的成长过程都是逃离家乡，然后终于又回到故乡。大概所有人故事都差不多的，停顿了一会后他却说："问题是我们还有没有故乡可以回。"

——阮义忠《正方形的乡愁》

乡愁

　　我们这一代人对乡愁的依恋没有父辈们强烈，因为我离开乡村的时候还是童年，但仅靠着十岁前在故乡的生活，足以让我回味至今。

　　每次看到雪景，总让我回想起长辈们口中的自己。听大人说，四岁的我，一天晚上醒来发现家中无人，于是在黑夜里，一个人在雪地里走了很久，雪厚厚的，把鞋子都覆盖了，我一脚一脚地走到离家500多米远的叔叔家，就为了找爸爸。当我敲门后，门被打开的一瞬间，大人们用惊讶的眼神看着我，爸爸一把抱着我就回家了。从那以后，爸爸再没有晚上把我一个人留在家里。更有意思的是，从此我变成了大人口中的"胆大小女娃"。

　　乡愁是我对家乡美景的回忆，

　　乡愁是我对儿时伙伴的思念，

　　乡愁是我对童年快乐的开关，

　　乡愁更是我对故乡土地的依恋。

　　此刻，我觉得自己是幸福的，幸福的是，即使身居闹市的我，知道在心中的某个地方，仍有着一片故土可以回。那么，哪怕暂时无法亲身去体验那片土地，也能够在精神上不断地去光顾那方令我沉静的圣土，并且在心中存着一份希望。

　　许多对乡愁的记忆被我写在公园里，又有许多记忆落在路上，而更多的回忆在下一代孩子们的心中。

家乡的味道

　　我常常会梦到小时候的老家,南方的一个小村落,差不多几十户吧,都是张氏的一大家子,家家都有庭院和独栋楼房,户与户之间有高高的水杉林小道。

　　进村的道路被两侧水系夹着,靠近村庄一侧是约两三米宽的溪流。更准确地说,是自然的灌溉渠。溪水清澈见底,小时候总爱坐在石板上洗脚,有时候故意把自己的拖鞋脱掉放在水面上,任它顺着水流飘走,穿过石板桥,然后我又快速地跑到另一头捞出来,有时也会出不来,多半是被石板桥下的水草挡住了,总之好玩极了。村道的另一侧是大大的鱼塘,归集体所有,每年年底村里的男同志们都会一起用网收鱼,肥肥的鱼最后归村民们共同分享。村落的周边是稻田,面积不大,稻田的外面是成片成片的果园,有桃林和梨花林,"果园村"因此得名。我特别偏爱每年春天白色的梨花雨,胜似仙境,以至于我从事景观行业后总有种植梨花树的情结。

　　我们的村落靠城市太近了,在我小学的时候,城市开始发展,老家那一片都被拆迁了。大家都住到了城里的不同地方,小时候天天玩耍的小伙伴,一年也见不到一两次。渐渐地,乡村的味道离我越来越远,但是记忆却越来越清晰,因为我们一家人总是梦见老家的情景,以至于多年后爸爸又如愿以偿买到了在村落原址上开发的商品房,也许这也是另一种回味家乡的方式。

Folie 的惊喜

在学习"西方现代景观设计的理论和实践"课程时，法国拉·维莱特公园让我印象最深刻。它是解构主义景观设计的典范。方案通过点、线、面三层基本要素构成，方格网的交汇点上设置了一个红色建筑，设计师称之为"Folie"，他们构成了整个公园"点"的要素。

正是由于深刻的印象，在最初接触到郊野公园的空间肌理时，我竟发现公园内部一条条东西南北向的轴线与我脑海中的格局是如此的相似。公园里的林荫路、水渠、轴线构成了"线"的要素，而 Folie 在森林中出现，在湿地里出现，又或是在栈道的终点出现，它们构成了公园的总体基调。因此，这些 Folie 更像是从大片绿地中生长出来的一个个标志，让我们感觉不到轴线和方格网的存在，整个公园仍然充满了自然的气息。

爸爸，
请放下手中的手机

　　我第一次用建筑师的思维来创作景观廊架，廊架的形式被重新定义，廊架的功能被延伸和放大了，并且也获得了成功，听说深受市民的喜爱。

　　趁着周末来到郊野公园，想着来拍几张照片，走到雪松林前的长廊，一直在找合适的角度和移动的云朵，以至于在这个长廊下驻足停留了一个多小时，镜头无意间捕捉到的画面却定格了我的视线。只见三个小朋友在沙池里玩耍，再细看，孩子们都是自己跟自己玩，孩子向着爸爸说着稚嫩的话语，爸爸却并不在意，虽说有爸爸的存在，但这种存在只能说是"简单"的存在。

　　看到这个画面，让我想到毛不易那首《一荤一素》的歌词，"太年轻的人，他总是不满足，固执地不愿停下远行的脚步，望着高高的天，走了长长的路，忘了回头看……"十几岁的时候，我想追求自由，想出门远行，父母总想跟我说些什么，但是年少的我与他们的交流总是那么不充分、不细腻。自己为人母后，一下子就体会到了父母的理解和爱，内心更加惦记他们了。

　　爸爸，请多陪陪孩子，因为他们一下子就长大了。请放下你的手机，孩子更希望跟你说一会儿话……

接触自然的孩子
是开朗的

她喜欢做我的小跟班，所以我将"退休"的相机都给她使用。我们俩一同出门时，我背着自己的相机包包，她背着小相机，一看就是母女俩出门"炸公园"。也许是从小培养的摄影爱好，女儿一直有抓拍身边景色的习惯。她技术不咋的，但看她拍照时有模有样，感觉倒是培养出来了。

有一次看到一群小朋友在玩耍的场景，为了找构图，女儿捧着相机忽前忽后、忽左忽右，怎么也不满意。后来她理解了，原来最好的构图是把相机放在地上，于是，她干脆往地上一坐，说好听点是垂首对焦，说准确点是趴着对焦。她一会儿抬头看人和景，一下又低头看影像，真是有趣极了。

有时候，我和好姐妹一起出去玩，女儿总跟着充当我们的摄影师，她总说自己技术好，可以抓到想拍的点，所以拍出来的画面有那种很自然很美的意境。但是她也困惑，因为没有人能拍出美美的她，包括我。

浦江郊野公园是她常去的公园，为此她写过几篇关于郊野公园的游记。从她的文字里，我意识到，爱接触自然的孩子总是开朗的孩子。

孩 子 们 的 自 然 游 戏

理查德·洛夫在他的经典之作《林间最后的小孩》中首创"自然缺失症"一词。它指的是，由于户外活动时间太少，当代人类的发展问题和行为问题不断增加，这在儿童身上表现得尤其明显。虽然我没有理查德·洛夫那么大的影响力，但是我很认可他的观点。

我热爱自然，热爱动物和植物，我也愿意走进自然。同时我作为设计师，也会尽自己所能为孩子们创造一个绿色的、野生的、亲自然的空间，重建孩子与自然的联系，让他们在大自然中探索和游戏，在大自然中感受季节的变化，熟知红的白的除了牵牛花，还有三叶草……

也许我现在做得还远远不够，但起码我已经迈开了第一步。

小动物的家

　　鱼儿的家在水里，啄木鸟的家在树洞里，蚂蚁的家在石头下，每个小动物都有属于自己的家，家是他们温暖的避风港！

　　这么有艺术感的家，我想小动物们肯定是欢喜的。一层是青灰色的瓦片，弧度在上，层层叠叠地垒起三层作为最坚实的底座；二层是砖块，平铺红砖打底，侧叠的两层红砖紧跟其上，砖块与砖块之间留有空隙，内部正是小动物的庇护所；三层是木桩，直径8cm，锯成30cm长，紧密排列，在一根木桩位置上留有一孔，方便小动物进入，每层之间都用中部穿孔的薄铁板相隔；四层是单排侧铺灰色砖块，上面一层是将灰色砖块竖铺，窄边向外，空隙比下面几层都大很多，空隙间穿插了一些细细的树枝；五层由短树干稀疏地支撑着，更像是这个房屋的露台，有顶有空间，方便晒太阳；最上一层连着屋顶，算是视野最好的了，也是较温暖的空间，外部一圈用茅草装饰，坡屋顶的造型简约而不失细节。小动物的家安排在铺满蒲公英的草地上，与环境融为一体。

可能，不可能

　　开展小范围的实验，即使失败也是安全模式下的失败，而不是失败之后才想到安全问题。生态化设计依赖于各种各样的工具、技能和方法的应用，将学习作为中心目标，一步步实现设计、规划和管理上的改进，即实现长期的适应性。

　　在我的认知里，越靠近干扰性大的区域，自然界的小动物就越少。这个离高架桥不足20米的郊野空间，高架上下两层车来车往。我很好奇，这样的空间会有什么小动物吗？出于职业惯性，我用手机下载了分贝检测APP，果不其然，噪音已超过90分贝了，但多次到访，我总能在此发现白鹭的身影，这群白鹭是否只是过客？我开始查阅相关生态学书籍，发现鸟类会调整鸟鸣频次以适应变化的城市环境，动植物的生态学与人类的社会学是一样的道理，为了适应不同环境，它们都在适当地改变自己。

　　我们要相信一切变化的可能性，同时，也要对不可能的事作进一步辩证。

森林里的大喇叭

　　如果森林里只有林和水，那似乎缺少些灵性，倘若在森林中遇到鸟类，那它们必然是林中的小精灵。进入森林那一刻，我会选择闭着眼聆听鸟鸣，不同的鸟类有各自专属的鸟鸣声，甚至鸟儿在清晨、傍晚不同时段的叫声也有所区别。有时抑扬婉转，有时响亮，有时低沉，有时柔和与激烈的声音相互交替。

　　大自然的鸟鸣声会治愈人，以至于我包包里一直放着鸟鸣哨。说来也有意思，女士包包里不放化妆品，唯独常年放着鸟鸣哨！这个鸟鸣哨是从网店淘到的，体积小小的，木质圆筒与铸锌塞来回旋转的同时改变两个表面之间的压力，可以模仿鸟类声音。这个鸟鸣哨由早期欧洲的猎人构想而来，通过创造其他鸟也在该地区的幻觉来吸引鸟类，以便继续能与大自然保持联想。

　　这个鸟鸣哨给我带来了灵感，我想在林中为游客创作一个可以发声的装置。六个大喇叭意象的装置，通过音效模拟大自然的声音，让人们在林中、谷地中都能聆听到鸟鸣蝉鸣。人们身处其中，感受生命的律动，感受大自然的呼吸，感受这种自然声和人声的合奏曲，尾音细腻，余韵缭绕，仿佛是在借着歌声与大自然进行沟通。

　　如果幸运的话，期待着能够和相识的鸟儿在这里重逢，也期待着可以认识更多的鸟儿。

土生土长的游戏

　　记得小时候，我和妹妹总会玩翻绳子的游戏，一根根手指，向着天空方向翻绳子，用一根绳子结成绳套，一人以手指编成一种花样，另一人用手指接过来，翻成另一种花样，相互交替编翻，直到一方不能再编翻下去为止。

　　这个游戏最大的乐趣在于翻出新花样，展现自己的聪明才智。更有意思的是，每次妈妈总会说，玩翻绳子，天会下雨的，这时候，我跟妹妹都疑惑地看着天空。长大了，我们也不知道大人们为什么这么说，一直到自己有了小孩，我也会学着长辈跟孩子如是说。

　　小时候快乐找我们，长大后，我们去找快乐，童年的游戏总是让我念念不忘。想着想着，我就用自然的材料在场地中制作了这个"土生土长的游戏"，一个可以被阅读的游戏，一个可以参与的游戏，一个可以回忆童年的游戏。一根根笔直的木桩犹如一根根手指，有的胖有的瘦，有的挨得近，有的离得远，细细长长的竹杆代替了绳子在指尖编翻。小时候解不开的谜底，放大成"巨型游戏"后，顿时明白了，原来我们一直在编织一个可以遮风挡雨的伞啊！

　　游戏场景被放大了，小时候的指尖游戏，变成了现实中的场景游戏。

　　游戏没有变，我们乐在其中的心亦没有变……

会说话的树

　　女儿五岁的时候，看到美国作家谢尔·希尔弗斯坦编写的绘本《爱心树》时流下了眼泪，然后扑到我怀里大哭了一场。我第一次被震撼到，绘本的力量这么强大，强大到孩子不识字也可以读懂其中的感动，后来我慢慢意识到，不是绘本，而是绘本赋予的故事内容感动了女儿。

　　《爱心树》被看成有关"索取"与"付出"的寓言，大树给予了一个男孩成长中所需要的一切，把无私、博大的爱给予了小男孩，而自己却不图一丝一毫的回报。

　　"会说话的树"则是希望《爱心树》的故事可以以一种新的形式延续。故事在延续，生命在延续，善良在延续……但是，我更希望小男孩能更早地了解大树的付出，也希望大树可以把自己的爱说出来。

　　原来植物也有"语言"，它们通过发出"咔嗒"的声音来传递信息。人类和绝大部分昆虫都无法识别这种声音。比如，辣椒虽没有耳朵和神经系统，却能听到茴香发出的声音，所以才会保持警惕。

　　——法国作家　安妮·弗朗丝·多特维尔《植物园》

来之不易的成果

　　没想到，这边有一片四四方方的树林，外部平淡无奇，进入林中却豁然开朗，仿佛世外桃源。我找了一处定点，把林窗落在构图的正中，在这里给孩子们打造一个自然游乐场，只要他们入镜，就会是张好照片。想着想着我兴奋不已，入了神，仿佛看到孩子们在林中嬉戏、攀爬的身影……

　　提出设想后，便遇到了阻力，原因在于这是一片杨树林，每年四月会有杨絮，飘飞持续到五月结束。业主为防范飞絮的侵害，不建议开放使用这片林地。我想着，不能因为一年中一个月的不利时间而放弃十一个月的使用时间。为此，我们计划为设置儿童探险栈道的区域调整树种，更替部分杨树，在儿童使用区域大大降低了飞絮的影响，并且每年四月杨絮开始飘落时，公园方会做更多细心的温馨提醒。

　　之后，这个地方就成了我最常造访之处，一是自己喜欢这个有温度的空间，二是女儿一来公园就先奔到这里找小伙伴玩耍。

孩子，你们可喜欢

上一页的林中游乐场是郊野公园平日里静态且宁静的画面，像一个沉睡的游乐区。相比周末的场景，我自信地认为是冲着孩子们的需求去创作的。这个林中游乐场就像施了魔法一样，吸引着孩子们，与孩子们产生真切的共鸣，甚至希望内向的孩子也能在这里找到伙伴，变得活泼许多。玩耍的孩子们虽然在这之前互不相识，但是三四个为伍便可以开始撒野，五六个在一起便可以相互搞怪。只要孩子们在一起，在大自然的怀抱中，都能变样。

我一直认为设计师是生活的魔术师，而且是充满爱的魔术师。自己当了妈妈后，与孩子一起阅读过、游玩过、交流过，我才能真正以孩子的视角来看待事物。被绿色环绕、与自然相伴的游乐场是来之不易的场所，我希望孩子们喜爱这里。

孩子们可以选择蹬着车轮胎攀爬到空中走道，也可以拉着网绳上去，总之上去后就可以在树尖之间行走了。也许孩子会害怕，因为栈道上铺的是镂空的铁格栅，但我们在栈道下部设置了一系列的游戏，所以不管胆大的，还是胆小的孩子都敢低头向下看，因为这样可以与地面的小伙伴相互打招呼，别提有多开心了。这时大人就不如孩子了，一走上去就选择平视前方，要不就是抬头看天空。

周日傍晚时分的幸福

曾几何时，我印象中小学的时候还是休单休，一到周日傍晚，心情就特别惆怅，总觉得美好的周末就这么快结束了。回想这一天自己干了啥事，总觉得也没有干啥。说来也奇怪，平日的早上总是叫不醒，一到周日不需要大人的叫醒声，自然而然地就早起了，也许那时候是觉得早起的时间会变成自己的吧？直到上了中学，国家开始实行双休日的制度，属于自己的时间变多了，周日傍晚的内心就没有那么焦虑了。

现在的孩子会与我们是一样的心境吗？每到周日傍晚，家长一般都是让孩子收收心，不大会选择这个时间点出门，越是这样的安排，小孩越觉得周末的快乐戛然而止。我家闺女总喜欢跟我诉说心声，我也乐于聆听孩子的想法，从她那儿我了解到，无论身处怎样的时代，有些事情每个年代的人都不会改变。周日傍晚孩子们总希望能出去转转，缓解了心情，回家吃晚饭，收拾好书包，看看书，开心地迎接周一的上学。如果周日晚上还是紧张的学习气氛，那对周一就更没有什么好心情了。

周日傍晚时分，我会与闺女相约到小区里散散步，或者去附近公园逛逛，或者到楼下咖啡厅坐着闲聊，又或者去看场电影，总之周日傍晚的幸福感越来越浓了。孩子需要，我更需要。

我 的 秘 密 花 园

选择设计师这个职业是想着在别人的项目里实现我的梦想。就像在《朗读者》里听到的一句话："在别人的故事里，看到了自己的人生；在别人的故事里，流着自己的眼泪。"设计师视自己的作品如孩子，有着至亲至爱的血缘关系。在我的作品里总会有自己的精神世界和影子，虽说设计师的首要任务是为使用者的需求提供服务，但最重要的一点是创作的作品要感动自己。

　　我喜欢我的秘密花园，因为它们是"有故事"的花园。这些花园有些依然存在着，有些可能已经消失了，但在我心里，他们一直在。无论我心情好还是心情差，我都会去看一看我的秘密花园。我也希望把它们记录下来，以女设计师细腻且感性的文字，呈现给大家。如果有缘的话，你们不妨踏上我的秘密花园去感受一下，也许去了之后，你们也会发现属于自己的秘密花园。

芦苇丛里发呆

　　记得 2012 年我有幸主持青岛世界园艺博览会的上海园设
计，当时我用来营造空间的元素极为精简，即绿、水、竹。"竹"
是最重要的元素，全园灵活运用竹材料，不做繁复的处理，
将竹篾自然质朴的神韵转化为空间的"意"，与上海园慢生
活的"精神"形成共鸣，很好地诠释了我想表达的"快城市，
慢生活"的理念。

　　时隔一年，我面对眼前挺拔翠绿的池杉林、浅浅的芦苇
湿地以及远处茂密的森林时，又想起了当年自己在 3000 平大
小的上海园里对于"慢生活"的向往之心，在此时此刻竟是
如此轻松地拥有。

　　因为我足够自信地认为她不需要太多修饰，只要简单地
收拾好，让景色在合适的"取景框"里展示出来即可。于是，
我开始寻找这个所谓可以发呆的"取景框"。

在这里，我可以宠辱不惊，看庭前花开花落。

在这里，我可以去留无意，望天上云卷云舒。

在这里，我可以一个人静静地发呆……

野草更美丽

　　倘若有什么植物妨碍了我们的计划，或是扰乱了我们干净整齐的世界，人们就会给它们冠上野草之名。可如果你本没有什么宏伟大计或长远蓝图，它们就只是清新简单的绿影，一点也不面目可憎。

　　我与野草的缘分始于我和植物的第一次近距离接触，而这次相遇是我生命中一次意外的惊喜。小时候，每天放学回家，总会经过一块闲置地，起初我只是惦记着路边的草莓，摘一两颗放到嘴里解解馋。时间一长，对这片闲置地上的野草也格外关注，随意生长的野草，无论刮风下雨还是艳阳高照，他们都保持着微笑。小时候大概只认得蒲公英、狗尾巴草，其他的虽然好看，但也叫不出名字。长大后，很幸运地从事了景观专业，慢慢认识了它们，原来小时候看到的格外有亲和力的野草是一年蓬、紫花地丁、野胡萝卜、刺儿菜……

　　野草也会低语，也会欢笑，也会有秘密，

　　它们虚张声势，招摇撞骗。

　　即便身处花海或者作为林中点缀的野草，

　　我们也不曾见过它的真实模样。

　　与其这样，

　　不如让它们作为主角自信地绽放吧！

幸运的是"气息"还在

喜欢就是喜欢,也许理由很简单:因为"气息"还在。

之前看过一篇文章是讲日本室内家具设计师滨田修先生的,他和每一种原材料认真对话,深入沟通,柱、梁、门、地板……每一部分都倾注心力去打造。所谓做东西,归根结底,就是针对某物的本质进行深层的探究,去捕捉、还原它渗透出来的"气息"。

我们喜欢某个人,是因为这个人与我们自身的气息吻合。我喜欢勿忘我、满天星、情人草的搭配,是因为花形与花名吸引我;我常常拜访同一个咖啡屋,是因为这个店内的环境气息吸引我……

这片杉树林虽不神秘,也不壮观,但我遇见它的时候恰巧是夏天,树姿笔直挺拔,叶片绿绿的,毛茸茸的,温柔中带着沁人心脾的舒适感。它的气息独特之处就在于这是简简单单的纯林,无论是近景、中景还是远景,从眼中望去始终只有一种绿。

谷内谷外

完美是风景罕见的特性。呈现在您眼前的景色往往有各种缺陷，不符合格调的灯杆、无法融合的垃圾桶……数不胜数。

我很喜欢这个空间，虽然它不完美，却是一个有别于平地视线的景观空间，在上海也很难看到。9米高的地形营造出谷内谷外两个不同的空间感受，谷外热闹，谷内幽静，进入谷内更像是闯进世外桃源。设计之初，我在心中一次次畅想过，进入谷地能呈现桃花源的意境吗？"缘溪行，忘路之远近。忽逢桃花林，夹岸数百步，中无杂树，芳草鲜美，落英缤纷。渔人甚异之，复前行，欲穷其林。林尽水源，便得一山，山有小口，仿佛若有光。便舍船，从口入。初极狭，才通人。复行数十步，豁然开朗。"等到后来，我领悟到了，空间的营造是可以达成的，但意境的生成是无法实现的。

下过雪后，万物都披上了白色的绒毯，一瞬间，发现黑白才是最好的意境。谷内变得如此安静，仿佛一幅静止的画。

那片带着仙气的柳树林

仙气是一种意境，古人常常用以形容环境优美。构成仙境的三要素是天色、色调、布景，缺一不可。

柳树，在古诗词中最早见于《诗经》："昔我往矣，杨柳依依；今我来思，雨雪霏霏。"杨柳，最早就是柳树的意思，因为一到春天，柳树就会飞絮，很容易引起古人的伤感。看来，柳树天生就具备仙气，柳枝细而柔美，像极了带着仙气的少女。

浦江郊野公园内有那么一个神奇的地方，被我选入"我的秘密花园"，这是我第一次与这片柳树林邂逅所拍摄的画面。往后多次到访，依然保持着最初的神秘感和纯净感，也许因为是在公园的最内侧，鲜少有人光顾，绿草不受干扰地从土壤中冒出来，地面的绿、树上的绿、河岸的绿，让这片柳林又增加了几分神秘感。

怀念消失的花园入口

第一次看现场时，就被这个画面吸引了……两排成列的团状树向道路方向呈八字形展开，越往里越收紧视线，在两侧树木快要相遇时，留有一口，口宽约 5 米，隐约能看到更远处的树影，团状树丛合围起来的草甸让空间格外有开阔感，像是在说着"欢迎您"。草甸上三三两两散植着柏树，像极了散步的人们，在这里除了头顶上的天空，只有不同色彩的绿。

这是什么地方？它在哪里？

我承认，看到这张照片时这些问题问得都很合理。遗憾的是，这样一个神秘的入口，在施工中被破坏掉了，这个入口永远回不到过去了。更可惜的是，我拍摄这张照片的时候，天气不理想，我没有等到汹涌澎湃的云朵在树木上演绎的光线变化，也没有等到清澈无云的蓝天……仅有朴素的天空和有立体感的树丛所营造的有趣空间。

虽然它消失了，但它最初的存在打动过我，我会永远怀念这个消失的秘密花园。

皈依原真

我所生活的城市，节奏太快，一不小心就会丢了灵魂。忙碌过后真想把生活过成最原真的状态，如果目前达不到理想状态，也希望生活中仍能保留着原真的小细节，那也能暂时地心满意足了。

就如同我喜欢手帕一样。我有好多好多手帕，这应该是小时候那个年代小朋友的标配，白底上印有可爱的动物图案、水果图案，还有简单的格子图案，至今我还留着三十年前的手帕。长大后，纸巾替代了手帕，但我却养成了购买手帕的习惯，我并不喜欢又粉又仙的"小女生"手帕，以至于长大后购买最多的还是男女兼用型手帕，有棉质品、纱制品和丝绸手帕，色彩上也偏爱白色和蓝色为主。有时也会将心爱的手帕送给身边的朋友，也许现在不是使用手帕的年代了，但我依然习惯身边有手帕相伴，时不时让自己皈依原真。

郊野公园的入口，虽然有些消失了，但大部分都保留下来了。沿路的白色野花在黄杨球周围自然绽放，两侧挺拔的雪松林把入口的场所空间表现到极致，远处的森林与雪松林融为一体，场地中的一草一木都努力保持着原真状态。

我渐渐地开始明白，环境不能掌握，心境却可以。顺着城市节奏，调好生活节拍，依然能够将日子皈依原真。

秘鲁人过去把向日葵当作太阳和太阳神的象征来膜拜；向日葵在美国是重要的经济作物，其经济价值在于种子及葵花籽油；在切尔诺贝利的实验室发现，发生辐射外泄的反应堆附近的池子里，有百分之九十五的放射性锶都被向日葵吸收了。人们再次为向日葵倾倒，把它种在花园里。他们已经臣服，甘心在此俯首膜拜。

——法国作家 安妮·弗朗丝·多特维尔《植物园》

与时间为友

　　周华城《下田：写给城市的稻米书》的序言里提到，米勒的油画《拾穗者》，麦穗也好，稻穗也好，我相信拾穗的人其实是在弯腰向土地致谢！人与人的互信互助，人对土地的依赖感恩，人对天的敬畏，人对物的珍惜……

　　记得几年前上海市区某地铁口旁边的一块小绿地，设计师种植了成片的油菜花，引起来来往往的市民驻足停留，成为上海的网红打卡点。由此可见，都市里的人对乡野风貌是如此的热爱。

　　郊野公园里有一处农用地，面积不大，约3000平，在公园建设过程中一直保留着农田身份，从过去的稻田到现在的花田，经历了不一样的种植物和耕作者，不变的是他们对土地始终保持着敬畏之感。公园保留的这块农用地，最初的想法就是让游客能参与到每年两季的劳作中。对于大家而言，这是一处理想的土地，可以实现大家所向往的周末田舍生活。

　　公园运营团队会在不同季节组织游客种植不同的观赏性农作物，有大片的土豆花、油菜花、蜀葵，而我恰巧碰到了——向日葵花田。

把自己藏起来

　　日本电影大师山田洋次说过一句话："在大众眼光敏锐，拥有许多鉴赏力高的优秀评论家，即观众见多识广、善于看善于听的年代里，艺术家们的水平也会自然而然地得到提高。只有在大众渴望看到更高质量的电影、大众的鉴赏力极高的年代，才可能有好的电影作品问世。"让观众与创作者形成共鸣。

　　创作电影与创作公园是一样的。记得多年前，身边有热爱自然的父母问我："为什么我们的城市看不到有吸引力的自然公园？"很多时候，市民对于公园的功能需求以及精神追求，日渐增长。直到 2012 年上海市政府提出规划建设 24 个郊野公园，我意识到上海是在缩小与全球城市的差距，在锚固上海生态建设的同时，为市民提供可以领略自然之美的游览地。

　　我去过香港几次，印象最深刻的永远是那"四分之三的香港"，就如同女儿在作文里写的那样：妈妈带我去香港，不去迪士尼，不去海洋公园，也不去繁华的维多利亚海湾，却总是带我去分布在不同山上的郊野公园，有时不走正道，老是找小径徒步爬到山顶，所以我看到的香港与其他小朋友都不一样，我看到的全是香港美丽的自然风景。

游公园，还需要把自己藏起来，听着是不是觉得很不可思议。多年前，我在香港米埔湿地公园就是这么游览的。经过鸟儿的栖息地时，我把自己藏起来，这样就能在不打扰鸟禽的情况下观鸟。

在郊野公园里，把自己藏到哪儿才不会被发现呢？一个被茅草覆盖的小屋里，屋外绿丛掩映，内部倒是整齐有序，右手边是一排供爱鸟者坐着观鸟的长条桌凳，在桌面的上部有个长条的漏窗是供观鸟的窗口。每个观鸟屋里备有常见鸟禽的照片和名称，方便辨认。

遇见浦小江

通过讲述浦小江生活的场景，将其绘制在公园的建筑墙面上，故事创作要从人物的生活场景出发，经过深入思考后，最终确定了"墙上的算术课""生活中美好的鸟""稻田里的主唱""水滴的声音""旅行是解忧良药"等八幅场景。场景策划好以后，面临的问题就是人物形象，希望是把浦小江影射成自己，我把自己想象成浦小江，慢慢地，每幅画面就自然而然地呈现出来了。

　　记得小时候，浦小江家门前有一片金黄色的稻田，青蛙的叫声此起彼伏，时光流逝太快，看着这里有水有树有田，仿佛又回到了童年的场景中……

墙上的算术课

窗户和门能变成什么呢?

能变成一道"墙上的算术题"吗?

11+11= ?

小学的时候就特别憧憬能在黑板上自由地写写画画,只要是轮到我们小组做值日生,我都自告奋勇地选择擦黑板、整理讲台,因为那是离黑板最近的时候,一边擦干净,一边趁同学不注意,小心翼翼地拿起粉笔在黑板上写字,然后快速再擦掉……

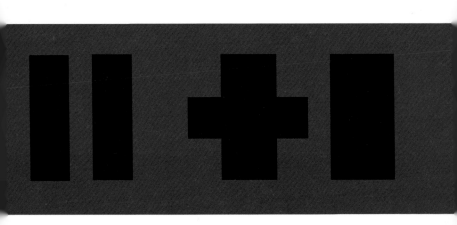

叔叔是中学老师，知道家里孩子们喜欢在墙上涂涂画画，偶尔会从学校用旧报纸包几根白粉笔带回来，让我和堂弟堂妹在自家墙上写字。这时候我们就得选择深一点水泥墙，但墙面糙糙的，一写字就特别耗粉笔，几笔下去小半截粉笔就没了，所以我们特别珍惜，基本上都用到快拿不住快磨到手指头才肯丢弃。

　　也许是小时候有在墙上涂画的情结，无论搬几次家，家里一直有黑板，甚至家中总有固定的墙面被做成涂鸦墙，女儿在幼儿园、小学期间的复习和默写都喜欢在黑板上完成。女儿上中学后，使用机会少了，黑板成了我们家记录家中备忘录的地方，久而久之，我们都离不开这种传统而简单的方式。

生活中美好的鸟

在家里的窗边坐着，一抬头总能看到窗外忽明忽暗的树冠。

一天闲来无聊，盯着一只小鸟的轨迹看了好一阵子，一会儿从这个枝头飞到那个枝头，一会儿躲到树荫里头，一会儿又飞到树梢上。这只鸟儿已经不怕人了，自信地飞到我的窗台外，来回踱步几下，然后拍着翅膀飞到对面的屋顶上与小伙伴们会合，欢快交谈后，又飞到了离我只有5米之距的树冠里，沉默了好久都没有探出脑袋，看来是我跟丢了。

我好奇地盯着眼前这棵十几米高的女贞树，此刻我像发现了新大陆一样，你猜，我看到什么？一个大大的鸟巢筑在树干上，被浓密的树叶挡着了，只是隐约可见。惊喜之余，让我感慨，大自然的鸟类就在身边，怪不得每天不同时间段都能听到鸟儿优美非凡的歌声，它们能自由畅怀地生活着是多么幸福啊！与大自然的鸟类共生，我何尝不是更幸福呢！

想着想着，画面定格在郊野的芦苇丛中，东南方向吹来一股凉风，风里夹着响声。侧耳仔细听，像某一种音乐，长长的芦苇叶不停地打着节拍，大自然的鸟儿们正你一言我一语地交谈着。

都市里的鸟儿如此美好地生活着，郊野中的鸟儿更是要畅游天际。自然的风景是活的，不是静止的，自然能提供更多的声音，而鸟儿自由了才能参与这场万物空灵的演奏……

稻田里的主唱

　　童年是一道七彩的路，童年是一本精彩的书。

　　回忆童年时，我们会感到十分快乐，却又带着一点留恋和向往。

　　记得小时候，家门前有一片金黄色的稻田，青蛙是田野里的驻唱歌手，很多青色的蛙在田埂上七七八八地跳出来，又蹿到草丛里和稻田中。夜晚来临，搬来躺椅到院子里纳凉，这时院墙外稻田里青蛙们聚集在一起鸣叫，它们的合唱声势浩大，一浪高过一浪。在记忆中，夜晚大人们围坐在一起聊天，我看着天上的星星，听着远处的蛙声，渐渐地在躺椅上就睡着啦！

　　在城市里生活，小区里也会有湿地、溪水为伴，但已找不到青蛙了，偶尔只有土色的蛙。我在半夜里细听，只有孤独的蛙鸣，响了一会儿，这儿几声，那儿几声，起起落落，难成曲调。

　　如今，看着这里有水有树有田，仿佛又回到了童年的场景中，浦小汀与青蛙为伴，正用望远镜眺望远处的稻田美景……

水滴的声音

　　小时候总盼着下雨，不是因为雨后空气清新，也不是因为可以在雨中踩水玩耍，而是因为下雨天我可以边看屋檐的雨滴下落，也可以把家里的瓶瓶罐罐都拿出来，排成一条线，放在屋檐下接水，然后坐在竹椅上听着雨声，滴答、滴——答、滴答滴……声音时而急，时而缓，时而连续，时而停止，有时还伴着风的声音来一段合奏，空灵且有回响。我在想，应该就是在小时候，我就对水滴的声音格外喜爱。

　　这样的场景一直在脑海中浮现，直到场地留给我一面大大的白墙和二楼的一个小高窗的时候，我觉得机会来了。雨水也好，自来水也好，我执着地想把心中的画面传达出来：水滴从水龙头里滴答滴答落下来，浦小江手端家中的搪瓷罐安静地接着水滴，一滴、两滴、三滴……随着罐中水量的不同，水滴接触到水面时也发出了不同的声响，如果你不仔细聆听，恐怕就会错失这美妙的音乐。

旅行是解忧良药

记不清具体是从哪件事情开始想办法让自己解忧，也许是高考的时候，也许是刚工作那一阵子，总之应该是自己迷茫的时候。每个人解忧的方式各不相同，有购物的，有在家打扫卫生的，有大吃大喝的，有找人倾诉的，而我选择的方式是旅行。如果时间不允许，那我就用另一种方式代替旅行——坐公交车游城市。

坐上公交车，选了一个挨着窗户且靠后的座位坐下，来来往往上车下车的人们从眼前晃过，一个个站点名在耳畔响起，从熟悉的站名到陌生的站名，虽听到声音，却没有记住，头靠着玻璃窗，盯着窗外城市的街景和马路上熙熙攘攘的路人，思绪却开了小差。从上车坐到终点，然后又从终点坐回来，一来一回也有两个小时。神奇的是，我的忧愁烟消云散，元气满满的自己在下车那一刻又复活了。

希望我们都能拥有暖阳，明媚并不忧伤，即使遇到忧伤，也要学会及时用属于我们自己的方法解忧。

母亲，一直在我身后

有时候回想起来，母亲对我的期许倒不像父亲那样明显。记忆中，父亲一直上常日班，母亲总是早、中、晚三班倒，早上和晚上总看不到她的人，我自然与父亲待的时间更长，幼儿园接送、扎辫子、洗头发，印象中都是父亲干的。虽然母亲忙，但在我童年记忆深刻的趣事中总有她的身影，母亲教会我骑自行车、编织图案、唱黄梅戏、跳房子、滚铁圈，甚至陪我一起看了88年版的《射雕英雄传》……

我一直说自己的童年是最快乐的，那时父亲偶尔提一嘴学习的事，母亲则是让我自由放飞，她对我的学习没有过高要求，只要不留级就可以。她从不辅导我的功课，只教我生活的能力、克服挫折的能力、与人感知的能力，她只会在我的身后默默地看着我！

浦小江的童年游戏

童年之所以是多彩的，只因那时我们总是与快乐相伴，回忆童年，令我记忆深刻的还是那些童年的游戏。

在我们的童年时代，小人书简直是绝对不可或缺的精神食粮！一本小人书讲述一个故事，陪伴着70后、80后的童年。在学生时代，几乎每个小朋友家里或多或少都会有几本小人书，小人书还比较贵的时候，总能一口气读完，然后拿着看完的与好朋友们互换着看，结果能看上十几本不重样的小人书。因为小人书比较小，所以那时很多小朋友都会在上课时把小人书偷偷藏在课本里阅读。

　　翻绳游戏又叫"翻花绳魔术"。一人以手指将绳圈编成
一种花样，另一人用手指接过来，翻成不同的花样，相互交替，
直到一方不能再翻下去为止。

　　据说翻绳能有数千种翻法，但小时候我和妹妹玩来玩去
总还是一些常见的花样，它们有专门的名称，如"面条""麻
花""小山"等。

　　与小伙伴们趴在地上打弹珠。将食指弯曲，妥妥地把一颗幸运弹珠握在其中，大拇指放在弹珠内侧，根据对方弹珠远近，巧妙控制力度，向外一推，只要自己弹射出去的弹珠能击中对方的弹珠，被击中的那颗就可以归自己所有。直到现在，家里还收集了好多五颜六色大大小小的弹珠，闲置着也占地方，后来将其放入玻璃花瓶中，注入水，弹珠与鲜花相得益彰，别提有多美啦！

　　对着阳光吹着自制的童年泡泡，吹泡泡的乐趣在于你无法吹到你想要的样子。肥皂水蘸得多一点，气息大一点，就能收获大大的泡泡，或者扁长扁长的泡泡；气息小一点，持续一点，就能生成一串串小小的泡泡。泡泡带着环境的影子，随风飘走，遇到花花草草，啪一下就爆掉，而幸运的泡泡能飘得很高很远。

感 谢 你 们

本书的写作让我不断地回忆过往，

对于那些曾经有恩于我的人，

对于那些曾经一次偶然会面启发过我的人，

对于那些曾经喜欢过我的朋友们，

对于我的家人们，

我都要说声，谢谢！

隐姓埋名的摄影师

　　浦江郊野公园离我家还是蛮远的，但一得闲总想去看看，偶尔碰到极好的天气，又或者清晨四五点醒来睡不着的时候，内心就有股冲动想要出发，扛起相机说走就走。于是我也养成了一个习惯，每次使用完相机就把两块电池立刻充满电，以备我下次突如其来的冲动。为了跟时间赛跑，每次我都选择打车，就想赶紧到达目的地。经常一待就是一整天，早上赶着日出在那儿听蛙声一片，中午顶着烈日感受知了的叫喳喳，傍晚等着夕阳落下后再回家，一天过去了，但是内心无比的充实和满足，好像打开了我的幸福开关。

　　我应该不是最喜欢摄影的，只是喜欢把身边美好的东西保留住。所谓美好的心灵，应该是能贴近万物的心，虽然没有太多摄影技巧，但我对于美的感知力可以让我捕捉到我想要传达的信息。我眼里所见之万物，包括一草一木，那么清美静幽，他们都在努力地向土壤汲取营养，向上生长。

　　像我这样热爱身边美好事物的人应该不在少数，他们喜欢自然，喜欢分享，甚至他们的摄影技术也比我好。本书中有几张照片是朋友特意去郊野公园拍摄的，也有与家人游玩时随手捕捉到的美景，感谢他们给我提供了这么好的素材，让我在看到照片时再次回想起当初的心境。

　　我最喜欢的一组雪景照片是黄先生提供的，他是这
个项目的业主，也是小有名气的摄影爱好者。之所以喜
欢那组雪景图，是因为，在上海，雪后郊野公园的景致
可遇不可求，而他第一时间保留下了最美的画面。

"浦小江"名字的由来

  浦江郊野公园是我花了四年时光打磨的项目，倾注了自己太多的心力，这中间有收获、有冲突、有成长，但其中的压力也只有自己能感受到，甚至整整失眠了一年，所以对于这个项目，我有太多的故事和不舍。

  因为有太多的期许，总想把公园打磨得更加立体。不仅仅是营造环境氛围和自然气息，甚至希望有个灵魂人物能陪伴着公园一起成长，于是我萌发了创作郊野公园IP人物的想法。起初，我脑海里想着这个人物应该是这片村落里土生土长的，二十岁出头的邻家女孩的形象，朴实大方。有了大致构思后就开始与业主进行沟通，幸运的是，得到了业主的大力支持。再后来，细节具象后，这个人物形象也慢慢地清晰，有意思的是，人物造型当时采用了自己的短发原型。

  在刻画人物性格和形象的同时，主人公的名字却一直未定。浦江郊野公园的业主俞总给到了一个提议，要不就叫"浦小江"吧，生活在浦江的"浦小江"，我们俩相视一笑，都很满意这个名字。项目结束后，我也从最初的"俞总"改口叫"俞姐姐"了，一个项目，让我们相识，并成为了彼此的好朋友。

甲方与乙方

在咖啡店，与朋友相约喝杯咖啡；

在家中，与家人喝上一杯热茶；

在工作中，你与他静坐闲谈，

可以谈工作，谈体会，谈人生，

你坐着，我靠着，

这个距离刚刚好。

说是"林中书笺"，倒不如说是林中坐凳，

一片林地、一方天地、一个微笑，

"林中书笺"的第一个使用者原来是

甲方与乙方！

青春奋斗者

生命中总有一些人因为某种缘分相遇。

2016 年，我想创作公园 IP 人物形象，且要将创作样稿修正后彩绘到建筑墙面上。我需要找到能实现我想法的墙体彩绘师，经过朋友的介绍，接触了一家杭州的公司。与这家公司负责人的第一次见面是在上海，第一眼见他，皮肤黝黑，瘦瘦的，人显得格外精神，他与几位从美院毕业的朋友一同创办了这个小公司。起初我不是很确定与他们的合作，但几次交谈下来，我愿意尝试一下。

从人物的描绘，到场景的设计，再到配色的协调，整个环节，我们进行了无数次的沟通。从他们身上，我看到了年轻人的真诚和态度。

这次合作的成功，也打开了他们公司的业务领域，再后来，他们听了我的建议，不仅仅绘制别人的作品，也在创作自己的作品。

我觉得，他们未来的路会越走越宽，越走越好。因为他们是有梦想的年轻人，也是青春的奋斗者。

眼睛里有星星的孩子

喜欢画画的孩子，眼睛里总是充满了星星。

看到青蛙在唱歌，看到松鼠在蹦迪；

看到树叶在画画，看到花儿在跳舞；

看到月亮在害羞，看到太阳在偷懒。

喜欢画画的孩子，幸福的感觉永远在汹涌着。

幸福的，可以把想象描绘出来；

幸福的，可以总是与奇迹相伴；

幸福的，可以与自然如此贴近；

幸福的，心沉大海……

阅读笔记

张荣平建筑设计"观景台"

观张荣平见解
《有温度的城市空间》讲座
张荣平圆桌派
在线专访 与荣平云对话

听张荣平心声
沉浸式感受容平所思所想

看张荣平作品展
看高清作品 观荣平心境

扫码进入
saoma jinru

图书在版编目(CIP)数据

朝采夕佩 所思在庭：张荣平景观设计手记 / 张荣平著. —上海：中西书局，2024.2
ISBN 978-7-5475-2156-4

Ⅰ.①朝… Ⅱ.①张… Ⅲ.①城市公园－景观设计－上海－画册 Ⅳ.①TU986.2-64

中国国家版本馆 CIP 数据核字(2023)第 165300 号

朝采夕佩·所思在庭

张荣平景观设计手记

张荣平　著

责任编辑	李丽静	
装帧设计	张荣平	
责任印制	朱人杰	

上海世纪出版集团

出版发行 ❁中西书局(www.zxpress.com.cn)

地　址	上海市闵行区号景路 159 弄 B 座(邮政编码：201101)	
印　刷	上海万卷印刷股份有限公司	
开　本	787 毫米×1092 毫米　1/32	
印　张	7	
字　数	88 000	
版　次	2024 年 2 月第 1 版　2024 年 2 月第 1 次印刷	
书　号	ISBN 978-7-5475-2156-4/T·023	
定　价	68.00 元	

本书如有质量问题，请与承印厂联系。电话：021-56928155